Dawood Mustafa Bokhari
Zahid Hussain

Produção de lipase bacteriana

Dawood Mustafa Bokhari
Zahid Hussain

Produção de lipase bacteriana

ScienciaScripts

Cover image: www.ingimage.com

This book is a translation from the original published under ISBN 978-3-659-82639-9.

Publisher:
Sciencia Scripts
is a trademark of
Dodo Books Indian Ocean Ltd. and OmniScriptum S.R.L publishing group

120 High Road, East Finchley, London, N2 9ED, United Kingdom
Str. Armeneasca 28/1, office 1, Chisinau MD-2012, Republic of Moldova, Europe
Printed at: see last page
ISBN: 978-620-8-30538-3

ÍNDICE

Resumo

O objetivo deste estudo foi determinar a produção de lipase em diferentes condições culturais e optimizá-las. A torta de óleo de mostarda foi considerada a melhor fonte de carbono para a produção de lipase (1,8 U/ml). Entre as diferentes fontes de azoto, o extrato de levedura foi considerado a fonte ideal para a produção máxima de lipase (1,9 U/ml). A produção de lipase foi reduzida quando se utilizou uma fonte de azoto inorgânico (sulfato de amónio). A concentração de 0,5% de sal foi considerada a concentração óptima para a produção de lipase (1,8 U/ml). A produção de lipase foi máxima às 48 horas de crescimento (1,8 U/ml). O azeite de oliva foi capaz de produzir mais lipase do que os outros óleos naturais (1,9 U/ml). Também foram optimizados diferentes pH e temperatura, tendo-se observado que 8 e 37°C, respetivamente, eram ideais para a produção máxima de lipase (1,9 U/ml). A lipase foi também parcialmente caracterizada e a estimativa da proteína foi efectuada para as unidades máximas de lipase. Observou-se que a atividade específica da lipase era máxima a pH 8,5 e à temperatura de 55°C (66. 6 U/mg/ml).

Introdução

As enzimas ocuparam o lugar de catalisadores da natureza e são também designadas por biocatalisadores. A utilização de processos dependentes de enzimas pode ser encontrada em civilizações antigas. Devido à sua aplicação versátil, a lipase é considerada uma das enzimas mais importantes, a seguir à amilase e à protease (Freire *et al.*, 1997; Saxena *et al.*,2003; Vakhlu *et al.*, 2006). Das 4000 enzimas, cerca de 200 são utilizadas a nível comercial e a maioria das enzimas industriais extraídas até à data são de origem microbiana. O volume total de vendas de enzimas até 1960 não era muito elevado, mas com o avanço dos processos de fermentação, a compreensão da bioquímica e a melhoria da extração e da recuperação das enzimas, a produção de enzimas foi grandemente afetada e o mercado aumentou consideravelmente. Existem 12 grandes produtores e 400 pequenos produtores que satisfazem a procura de enzimas, sendo a maior parte deles provenientes da Europa (Godfrey e West, 1996; Wilke, 1999).

As enzimas microbianas são mais potentes do que as enzimas extraídas de fontes animais e vegetais, devido à melhor taxa de rendimento, à manipulação genética e ao melhor crescimento dos microrganismos em meios pouco dispendiosos (*Saxenaet al.*, 1999; Sharma *et al.*, 2001). As lipases microbianas são produzidas de forma mais conveniente do que as das suas fontes alternativas (Wiseman, 1995, Vakhlu e Kour, 2006).

A lipase (triacilglicerol acil-hidrolases, EC 3.1.1.3) pertence ao grupo das hidrolases que actuam sobre os triacilgleceróis em meio aquoso para sintetizar os ácidos gordos livres e também o glicerol (Lutz,

2004; *Kempkaet al.*, 2008). O triacilglicerol contém ligações éster carboxílico que contêm uma elevada quantidade de energia, que pode ser libertada pela ação das lipases sobre estas ligações.

A lipase pode ser produzida por diferentes espécies de fungos, bactérias e antinomicetas. Os microrganismos mais utilizados para a produção de lipase são: *Bacillus spp.*, *Aspergillus niger*, *Rhizopusspecies*, *Rhizomucormehei* *e* Penicilliumspecies etc. (*Lesuisseetal.*, 1993, *Ibriket al.*, 1998 e *Herrgardet al.*, 2000). *Gopinathet al.* (2005)

registaram cerca de 34 espécies de fungos selvagens associadas a resíduos de fábricas de óleos alimentares que foram isoladas pela técnica de diluição em série. Os fungos e as bactérias estão presentes numa vasta gama de substratos e contribuem para a produção de lipase extracelular e intracelular. Devido à presença de ligações de sulfureto, as enzimas extracelulares são mais estáveis do que as enzimas intracelulares. (Cheetham, 1995).

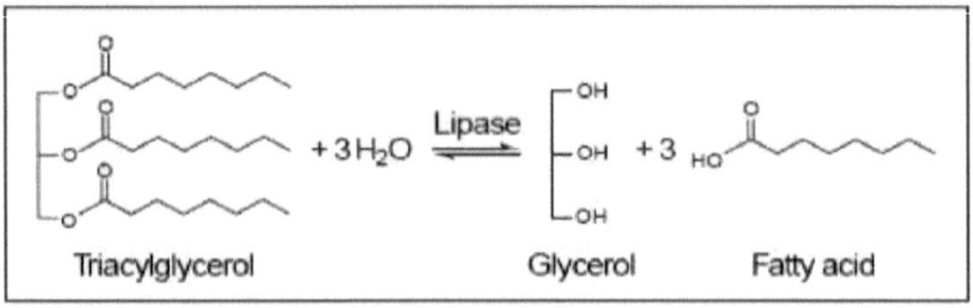

Figura 1: Acções hidrolíticas e sintéticas da lipase (Fonte: Jaeger e Reetz 1998)

A lipase pode ser produzida tanto por fermentação em estado sólido como por fermentação submersa. A produção de lipase é mais conveniente na fermentação submersa, devido à melhor disponibilidade de nutrientes para os microrganismos (Ito *et al.,* 2001).

Nos últimos tempos, as lipases têm surgido como enzimas-chave na biotecnologia em rápido crescimento, devido às suas propriedades multidimensionais, que são utilizadas numa vasta gama de aplicações industriais, tais como a tecnologia de detergentes, alimentos, indústria química e ciências biomédicas. Devido à sua vasta gama de aplicações, a produção de lipases é um negócio de milhares de milhões de dólares (Jaeger e Reetz, 1998; Bornscheuer, 2000).

No presente trabalho, relatamos os estudos de otimização para aumentar a produção de lipase a partir de espécies de *Bacillus* isoladas localmente.

Objectivos:

O objetivo da presente investigação é o seguinte

- Selecionar as bactérias lipolíticas de diferentes fontes.
- Determinar a produção de lipase e também a atividade da lipase.
- Concluir os efeitos da otimização de diferentes condições culturais.
- Obter experiência de trabalho prático em laboratório e de manuseamento de instrumentos.
- Produzir lipase extracelular em pequena escala em laboratório.
- Estimar a proteína.
- Caracterizar parcialmente a enzima.

REVISÃO DA LITERATURA

Pazouki *et al.* (2000) descobriram a importância industrial dos fungos como produtores de uma vasta gama de metabolitos e também de enzimas industrialmente importantes como amilases, lipases e muitos antibióticos. Concluiu-se também que a morfologia do fungo especificava o produto devido à influência de diferentes parâmetros como a velocidade de agitação, a taxa de crescimento específica, o oxigénio dissolvido, o número de esporos ou conídios, etc. O conhecimento do mecanismo subjacente à morfologia da célula foi considerado importante, podendo ser utilizado na otimização do processo microbiano.

Pereira *et al.* (2000) afirmaram que a produção de lipase por *Yarrowia lipolytica* estava limitada às células na primeira fase da vida, enquanto na fase estacionária tardia a sua produção atingiu o nível máximo e começou a ser libertada para o meio de cultura devido ao consumo máximo da fonte de carbono.

Chahinian *et al.* (2000) referiram que as lipases são produzidas por fungos em processo de fermentação submersa em que foram utilizados meios de cultura complexos com compostos orgânicos como extrato de levedura, farinha de soja, peptona, etc., como fontes de carbono e azoto. Estudos de otimização mostraram que em pH 7,0 e 40°C a atividade de lipase foi máxima.

Elibol *et al.*(2000) relataram a produção de lipase em suporte sólido através da imobilização de *Ruinous arrhizus*. Concluiu-se também que uma concentração elevada de glucose reprimia a biossíntese da lipase. Concluiu-se que a concentração óptima de glucose para a produtividade máxima de lipase era de 1 g/L. Também descobriram que o óleo, como o óleo de milho, pode ser utilizado como indutor para o aumento da produção de lipase.

Jianghua *et al.* (2000) investigaram e comunicaram a produção de lipase alcalina através da fermentação em frasco agitado por *Penicillium cyclopium* (PG37). A farinha de soja e o licor de milho foram utilizados como fonte de azoto no meio de crescimento, enquanto o óleo de amendoim foi utilizado como fonte básica nesse meio. Anteriormente, o azeite, o tween 80 e a trioleína de glucose foram utilizados como indutores da produção de lipase alcalina, enquanto a ureia, o extrato de levedura, a peptona, etc., foram fontes de azoto.

Hiol *et al.* (2000) relataram a produção de lipase extracelular pela estirpe lipolítica de *Ruinous oryzae*. O licor de milho e a peptona foram as fontes de azoto. A temperatura ideal foi registada a 37°C e o pH foi de 7,0 e a atividade máxima de lipase foi de 120 U/ml.

Dalmau *et al.* (2000) registaram a produção de lipase por *Candida rugosa* e estudaram o efeito de diferentes fontes de carbono na produção de lipase. Concluiu-se que os ácidos não relacionados com as gorduras e os hidratos de carbono não desempenhavam qualquer papel na indução da produção de lipase. Os lípidos utilizados como fontes de carbono produziram o máximo de lipase, enquanto o Tween 80 ajudou na sua produção extracelular. Mohsen e Salih (2001) investigaram a produção de lipase e protease pelas estirpes lipolíticas de 16 espécies fúngicas que foram isoladas de diferentes ruminantes.

Woods *et al.* (2001) concluíram que as estirpes psicotróficas de *Pseudomonas flourescens* (B52) produziam enzimas extracelulares através da regulação da temperatura. Foi também assinalado que, abaixo da temperatura óptima, a produção de lipase aumentava.

Gotschlich *et al.* (2001) referiram que setenta estirpes do complexo *Burkholderia cepecia* foram analisadas quanto à produção de lipase extracelular. Riedel *et al.* (2001) concluíram que os mutantes de *Serratia liquefaciens* eram responsáveis pela produção de lipase extracelular.

Salah *et al.* (2001) referiram que *a lipase de Ruinous oryzae* (ROL) foi considerada como sendo a verdadeira lipase. Foi investigado que a enzima apresentava o fenómeno de ativação interfacial. A ROL foi comparada com as *lipases de Ruinous* com base na sequência de aminoácidos N-terminal e concluiu-se que possuía a mesma sequência que a *lipase de Ruinous niveus* (RNL) e *a lipase de Ruinous delemar* (RDL).

Lotti *et al.* (2001) estudaram a produção de lipase por *Candida rugosa* com base nas condições fisiológicas de crescimento de diferentes fases do ciclo de vida. Concluiu-se que a produção máxima de lipase foi atingida na fase G1 e que não houve efeito do meio na produção de lipase.

Ito *et al.* (2001) referiram que a fermentação submersa e a fermentação em estado sólido podem ser utilizadas para a produção de lipases microbianas. Concluiu-se que a cultura óptima e os requisitos nutricionais através da fermentação submersa para a produção de lipases.

Elibol e Ozer (2001) estudaram a dependência da concentração de oxigénio dissolvido, do pH e da temperatura da cultura de diferentes fontes de azoto e carbono na produção de lipase.

Mala *et al.* (2001) relataram o efeito de diferentes mutagénicos, como ultravioleta e ácido nitroso, na produção de lipase. Os mutantes foram isolados em meios contendo sais biliares. Concluiu-se que os mutantes de ácido nitroso apresentaram uma melhor eficiência na produção de lipase em fermentação submersa, em comparação com os mutantes de UV.

Abdel-Fattah e Hammad (2002) propuseram que os fungos filamentosos provenientes do solo têm a capacidade de produzir lipase extracelular. Concluiu-se, após cinco dias de cultura, que, entre os diferentes fungos filamentosos, duas estirpes, ou seja, *Aspergillus niger* e *Aspergillus terreus*, foram consideradas as maiores produtoras de lipase.

Elibol e Ozer (2002) investigaram a produção de lipase por *Ruinous arrhizus* em suspensão livre, considerando o efeito combinado do indutor, ou seja, a concentração de óleo de milho e a concentração inicial de glucose.

Haqet al. (2002) investigaram dez culturas de bolores diferentes para a produção de lipase através de fermentação em estado sólido. A produção máxima de enzima foi suportada pelo *Ruinous oligosporus*, ou seja, 48,0 U/g de substrato em condições óptimas. Foi registado que o valor calculado como unidade por grama de substrato por hora é superior aos valores registados anteriormente. Concluiu-se que o organismo pode ser utilizado para a produção de enzimas em grande escala. Saxena *et al.* (2003) investigaram as diferentes formas de purificar as lipases microbianas.

Pastore (2003) referiu que a lipase produzida por *Candida* sp. era mais preferível devido à sua ampla especificidade de substrato, elevada seletividade e, mais importante ainda, à sua elevada termoestabilidade. Pastore *et al.* (2003) descobriram que a lipase produzida por *Ruinous* sp. apresentava uma melhor estabilidade entre a gama de pH de 5,0-8,5, enquanto a lipase produzida por *Candida rugosa* era estável na gama de pH de 6,5-7,5.

Cavalcanti *et al.* (2005) investigaram a produção de lipases em biorreatores fixos. O seu objetivo era aumentar a produtividade e a escala de produção de lipases utilizando o *Penicillium simplicissimum.* Para o efeito, utilizaram a fermentação em estado sólido. O efeito da temperatura e da taxa de fluxo de ar sobre a produção de enzimas foi valorizado através da utilização do desenho estatisticamente experimental e do modelo empírico que foi depois ajustado a dados experimentais específicos. A sua investigação demonstrou que a obtenção de uma quantidade elevada de actividades de lipase pode ser feita a valores de temperatura mais baixos e a taxas de fluxo de ar mais elevadas. O máximo da atividade da lipase (26,4 U/g) pode ser obtido a um valor de temperatura específico de 27°C e ao valor da taxa do fluxo de ar de 0,8 L/min.

Alonso *et al.* (2005) registaram a produção da lipase utilizando uma estirpe de *Yarrowia lipolytica*, que era a estirpe selvagem brasileira, e observaram a produção em vários valores das taxas do fluxo de ar e também das velocidades de agitação. Verificou-se a existência de uma relação entre o crescimento celular, a produção de lipase e o consumo de lípidos por este microrganismo específico. O efeito mais notório do oxigénio na produção da lipase foi então determinado pela velocidade de agitação.

A atividade máxima da lipase foi então detectada numa fase tardia, estacionária, a 200 rpm e a uma taxa de fluxo de ar de 1-2 dm^3 /min (0,8-1,7 vvm), quando a fonte de lípidos tinha sido totalmente consumida. O aumento das velocidades de agitação provocou um stress oxidativo e/ou mecânico no produto final, ao passo que a diminuição das velocidades de agitação limitou os níveis de oxigénio. A absorção mais rápida do lípido pode ser obtida através da disponibilização de uma maior quantidade de oxigénio com taxas de fluxo de ar mais elevadas e também da antecipação da enzima libertada no meio de cultura.

Ghosh *et al.* (2005) também investigaram uma estirpe bacteriana que foi então isolada do meio enriquecido que continha fosfolípidos e depois cultivada em peptona, extrato de carne de bovino e extrato de levedura que continha no meio.

Karadzic *et al.* (2006) investigaram que as lipases extracelulares podiam ser isoladas e também purificadas a partir do extremófilo presente na cultura em caldo. 54kDa foi a massa molecular estimada da lipase que foi então purificada por SDS-PAGE. O valor ótimo do pH e da temperatura foram calculados como 11 e 70°C, respetivamente. A enzima produzida foi então estabilizada numa ampla gama de pH (4-11,5). A enzima lipase foi então fortemente inibida pelo Hg^{+2} , Zn^{+2} e Cu^{+2} e ligeiramente pelo Mg^{+2} e Ca $.^{+2}$

Rodriguez *et al.* (2006) relataram que o *Ruinous homothallicus* (IRD13a) foi cultivado para a produção de lipase na fermentação em estado sólido (SSF) que utilizou o bagaço de cana-de-açúcar para a

e depois impregnado com o meio líquido. A lipase extracelular pode ser produzida a partir do *R. homothallicus* e pode ser melhorada através da modificação dos nutrientes do meio. Os nutrientes do meio que mais afectaram o crescimento e a produção de lipase foram a ureia, o azeite e os oligoelementos. A cinética do crescimento e a produção de lipase foram então efectuadas utilizando o meio melhorado. Foi então encontrada uma relação entre o perfil da produção da lipase e os perfis da produção de CO_2, o consumo de O_2 e as alterações do pH. Um máximo de produção de 826 U/g DM foi então atingido apenas nas 12 h de incubação. Esta produção máxima representou um aumento de 60 vezes na atividade da lipase, comparada com os valores obtidos com o meio conhecido para a produção da lipase. Estas conclusões são prometedoras, uma vez que esta estirpe produz concentrações elevadas de lipase num meio pouco dispendioso e simples, que facilita a recuperação da enzima e a sua purificação.

Colen *et al.* (2006) utilizaram as estirpes de fungos para produzir a lipase. Eles investigaram cinquenta e nove cepas de fungos que produzem a lipase e isolaram essas cepas do solo do cerrado brasileiro empregando as técnicas de cultura de enriquecimento. Primeiro isolaram os fungos e cultivaram-nos no ensaio de triagem primária, no qual utilizaram as placas com o meio de ágar que contém os sais biliares com a emulsão do azeite. Onze das estirpes foram então consideradas como boas produtoras com duas condições de fermentação, que foram a fermentação em estado sólido e a fermentação líquida submersa. A estirpe mais produtiva, identificada como *Colletotrichum gloesporioides*, produziu 27 700 U/l de lipase em condições optimizadas e a preparação da lipase bruta foi capaz de hidrolisar muitos substratos, incluindo a tributirina, os óleos naturais e a banha de porco.

Al-Qodahet al. (2007) relataram a produção da enzima pela bactéria termofílica que foi isolada e depois identificada na Jordânia a partir da fonte termal e depois designada como *Bacillus sphaericus*, que foi depois levada para o fermentador à escala laboratorial. A concentração óptima do amido para a produção da enzima foi de 32 g/L e as concentrações mais elevadas mostram a inibição do substrato com a constante de inibição de Ki 190 mg/L. Os testes também foram realizados para obter a influência das diferentes fontes de azoto e de carbono no crescimento celular.

Savitha *et al.* (2007) fizeram uma investigação sobre as estirpes de fungos de vários géneros. Isolaram todas essas estirpes de diferentes fontes, das quais apenas 4 foram consideradas positivas para a produção de lipase. Utilizaram uma técnica de rastreio rápido para conhecer a atividade da lipase. Verificou-se então que *o Mucor* sp. apresentava uma qualidade da zona máxima de fluorescência a um valor de 350 nm. Entre os diferentes tipos de triglicéridos utilizados como fonte de carbono, o óleo de girassol foi considerado eficaz na indução da lipase no *Mucor* sp. A lipase produzida pelo *Mucor* sp. foi considerada alcalofílica, induzível e também termoestável.

Gutarra *et al.* (2007) investigaram um fungo chamado *Penicillium simplicissimum* para a produção de lipase, relatando as duas estratégias para a inoculação alternativa. A inoculação de esporos, que é convencional, foi então comparada com os pellets do fungo que cresceu no meio líquido. O inóculo utilizado neste consistiu na torta fermentada. Verificou-se um atraso na produção da lipase pelos pellets de fungos. Por outro lado a torta fermentada pode causar a aceleração na síntese da enzima que rende a produtividade do valor 0,45 Ug/h L. Portanto, foram feitos os 22 desenhos fatoriais que foram então usados para saber sobre as condições que eram melhores para a produção da lipase com a torta fermentada usada como para a estratégia de inóculo, que variando o tempo de propagação do inóculo e também a concentração do inóculo. A atividade da lipase e sua produtividade atingiram o valor de 30Ug/1 e 0,63Ug-1h-1, respetivamente, incluindo 10% do inóculo e 36 h. Assim, o bagaço fermentado que foi utilizado como inóculo aumentou a produção em 1,5 vezes com 10 vezes menos esporos, indicando que os sólidos fermentados são então a alternativa interessante para o desenvolvimento do inóculo na fermentação em estado sólido, que ocorre principalmente para os processos em larga escala.

Yan e Yan (2008) relataram que a fonte mais adequada de carbono era a mistura do óleo de oliva e também do ácido cítrico e a fonte mais adequada de nitrogênio era a mistura do licor de milho e também o NH_4NO_3. Posteriormente, surgiram os níveis para a produção máxima do CBL com os valores das três variáveis que foram então determinados pela análise da superfície de resposta dada como segue: 1,49% (p/v) de NH_4NO_3,1,64% (v/v) de azeite e a temperatura 33,0°C. Esta otimização da produção resultou num rendimento elevado da CBL de 23,15 U/mL, o que representa um aumento de 4,45 vezes em relação ao resultado inicial obtido nos frascos agitados.

Kempka *et al.* (2008) relataram o aumento da produção de lipases com a utilização de resíduos agro-industriais para determinar o desenvolvimento de métodos mais económicos que fossem direcionados para a comercialização em larga escala da enzima que catalisa processos. Foi então investigado que os vários indutores não mostraram qualquer efeito na produção das lipases, enquanto a temperatura e a humidade inicial desempenharam um papel fundamental no aumento da produção da enzima. A temperatura óptima de cultivo (27,5° C) e a humidade inicial do substrato (55%) foram então determinadas utilizando a metodologia da superfície de resposta.

Kasana *et al.* (2008) investigaram que a lipase que foi purificada parcialmente a partir da estirpe CR9 exibiu a atividade máxima a uma temperatura de 40° C e o pH ótimo a 8,0. O Mg^2 , o Cu^2 , o Zn^2 , o Mo^2 , o ditiotreitol (DTT), o fluoreto de fenilmetano-sulfonilo (PMSF) e o βmercapto etanol (β -ME) aumentaram a atividade da enzima, ao passo que o Ca^2 e o ácido etileno-diamina-tetra-acético (EDTA) tiveram um efeito inibidor. A enzima lipase hidrolisou uma vasta gama da cadeia curta dos ésteres de ácidos gordos do p-nitrofenilo. O organismo com a estirpe CR9 também pode hidrolisar o Tween 80, a tributirina, o óleo de soja, o óleo de mostarda e o óleo de azeitona. Os resultados evidenciaram a ligação dos microrganismos inexplorados dos ambientes frios dos Himalaias ocidentais para o isolamento das novas e invulgares bactérias produtoras de lipase.

MATERIAIS E MÉTODOS

Aparelho:

Placas de Petri, frascos Erlenmeyer de 250 ml, tubos de ensaio, suporte para tubos de ensaio, buretas, pipetas, ansa de inoculação, algodão.

Equipamento:

Incubadora, autoclave, fluxo de ar laminar, máquina de pesagem e máquina de centrifugação.

Produtos químicos:

Etanol a 70%, água destilada, di-hidrogenofosfato de sódio, di-hidrogenofosfato de sódio, di-hidrogenofosfato de potássio, di-hidrogenofosfato de potássio, cloreto de sódio, sulfato de magnésio, azeite, goma arábica, fenolftaleína, hidróxido de sódio e ácido clorídrico.

Recolha e tratamento de amostras:

As amostras de solo foram colhidas em sacos de plástico a uma profundidade de 4-5 cm com a ajuda de uma espátula em diferentes locais, como lixeiras, bombas de gasolina, resíduos contendo solo (esgotos) e solo da berma da estrada nas imediações da GC University Lahore. As amostras foram levadas para o laboratório após a recolha e, em seguida, 1 g de amostras de solo foi suspenso em 100 ml de água destilada e agitado, tendo a solução de reserva sido mantida para posterior isolamento microbiano.

Rastreio de microrganismos:

0,5 ml de diferentes soluções-mãe foram vertidos em placas de ágar nutriente para isolamento primário e as placas foram incubadas a 37°C durante 24 horas. Após a incubação, apareceram muitas colónias. Entre estas, foram colhidas colónias separadas e semeadas em placas de ágar nutriente e incubadas para obter isolados de uma única colónia. Para a determinação das *espécies de Bacillus*, as colónias foram examinadas de acordo com o Manual de Bergey no que diz respeito às caraterísticas morfológicas e bioquímicas.

Rastreio de bactérias lipolíticas:

8 colónias isoladas diferentes foram analisadas quanto à produção de lipases extracelulares através do método de fermentação em frasco agitado. O rastreio foi efectuado em frascos Erlenmeyer de 250 ml. Em 50 ml de meio de fermentação, foram vertidas alças cheias de células microbianas de diferentes fontes, listadas anteriormente, e incubadas durante 24 horas a 37°C. Depois da incubação, 5 ml do inóculo foram transferidos para o meio que continha substrato sólido e incubados durante 48 horas a 37°C. A colónia que mostrou atividade máxima foi escolhida para estudos posteriores.

Técnicas de fermentação:

Seleção do substrato:

Foram utilizados anteriormente diferentes substratos para a produção de lipase (Ramachandran *et al.*,2006). O bagaço de óleo de mostarda, o bagaço de óleo de coco, a casca de trigo e o caldo nutritivo foram utilizados como substratos para a produção de lipase. Estes foram obtidos no mercado local de Lahore.

Preparação do inóculo:

Para preparar o inóculo, foi utilizado um meio mínimo que contém 6,0 g de Na_2HPO_4, 5,0 g de NaCl, 3,0 g de KH_2PO_4, 0,1 g de $MgSO_4$ e 2,0 g de NH_4Cl em 1 L de água destilada. Verteu-se 50 ml do meio mínimo para um balão de 250 ml e transferiu-se uma colherada de células microbianas para o meio e incubou-se a 37°C numa incubadora com agitação a 180 rpm durante 24 h (Oswal *et al.*, 2002)

Preparação dos meios de comunicação social:

Foram transferidos 90 ml do meio mínimo para cada frasco de 250 ml e 10 g do substrato desejado foram pesados e suspensos neles separadamente. Os frascos foram então esterilizados em autoclave a uma temperatura de 121°C, 15 lbs. de pressão durante 20 minutos.

Fermentação em estado sólido:

Após a autoclavagem, 5 ml de inóculo foram transferidos assepticamente para os frascos que continham o meio autoclavado. Os frascos foram então incubados a 37°C durante 48 horas e a 200 rpm numa incubadora com agitação. Após o tempo específico de incubação, o conteúdo dos frascos foi utilizado para a estimativa da atividade das enzimas.

Extração enzimática:

Foram utilizados métodos de extração simples para a extração da enzima de materiais fermentados. 90 ml de tampão de fosfato Sorenson 0,1 M (pH 8,0) foram misturados com o material fermentado e incubados novamente no mesmo fermentador com agitação durante 1 hora para uma mistura completa a 37°C e 200 rpm. O material fermentado foi depois centrifugado à velocidade de 5000 rpm e o sobrenadante foi depois utilizado para outros fins da atividade da lipase extracelular (Singh *et al., 2010*).

ENSAIO DE LIPASE EXTRACELULAR

Ensaio titulométrico de lipases:

A atividade da lipase nos meios sintéticos foi determinada titrimetricamente da seguinte forma:

0,5 ml do sobrenadante da cultura foi adicionado ao substrato do ensaio num tubo de ensaio que continha 1 ml de azeite homogeneizado a 10% (v/v) em goma acácia a 10% (p/v) e 0,5 ml de tampão fosfato (pH 8,0). A mistura de substrato enzimático foi incubada a 37°C durante uma hora. Em seguida, foram adicionados 2 ml de uma mistura de álcool: acetona (1:1) à mistura de reação para parar a atividade adicional. Com a ajuda de NaOH 0,05N, utilizando fenolftaleína como indicador, os ácidos gordos libertados foram titulados. A cor rosa claro foi o ponto final.

Cálculo da unidade de lipase:

$$\textbf{Atividade da lipase} = \frac{\Delta V \times N \times 1000}{V\,(\text{amostra})\ 60}$$

$\Delta V = V2 - V1$

V 1= Volume de NaOH utilizado no balão de controlo

V 2= Volume de NaOH utilizado no balão de ensaio

V (Amostra) = Volume da enzima extraída

N= Normalidade do NaOH

As unidades de atividade da lipase extracelular foram unidades por ml (U/ml) e as unidades de atividade intracelular foram unidades por grama (U/g)

Uma unidade de lipase é definida como "a quantidade de enzima que liberta um micro mol de ácido gordo por minuto em condições de ensaio especificadas".

Quadro 1: Composição dos meios de fermentação

Nome dos produtos químicos	Quantidade (g/l)
Na_2HPO_4	6.0
NaCl	5.0
KH_2PO_4	3.0
$MgSO_4$	0.1
NH_4Cl	2.0

Estimativa de proteínas:

O método de Bradford (1976) foi utilizado para determinar a proteína total na enzima bruta. O tubo de ensaio contendo 0,1 ml de extrato enzimático foi adicionado a 5 ml de reagente de Bradford. A absorvância foi observada utilizando um espetrofotómetro a 595 nm depois de deixar o tubo de ensaio em repouso durante 5 minutos. Para a preparação do reagente em branco, colocaram-se 5 ml de reagente de Bradford num tubo de ensaio juntamente com 0,1 ml de água destilada e deixou-se repousar durante 5 minutos. O branco foi utilizado para zerar o valor da absorvância. A curva-padrão de albumina de soro bovino (BSA) foi utilizada para estimar a proteína total.

Para efetuar a curva-padrão de BSA, utilizou-se uma solução-mãe de 0,1 % com 100 µg de BSA/ml de água destilada. Utilizando a solução-mãe, efectuaram-se seis diluições diferentes em tubos de ensaio separados, com 10, 20, 30, 40, 50, 60, 70, 80, 90 e 100 µg de BSA em 1 ml de água destilada. Em tubos de ensaio diferentes, foram colocados 5 ml de reagente de Bradford e 0,1 ml das diluições foram adicionados aos tubos de ensaio e deixados em repouso durante 5 minutos. Em seguida, mediu-se a absorvância a 595 nm e preparou-se uma curva padrão utilizando diferentes valores de absorvância.

RESULTADOS:

Neste estudo, foram isoladas *espécies de Bacillus* do solo em redor da GC University, Lahore, que foram utilizadas para a produção de lipase. O estudo era composto por duas partes: uma era o rastreio de bactérias lipolíticas e a outra era a determinação da atividade máxima de lipase com caraterização da enzima. Na primeira parte, as bactérias lipolíticas desejadas deviam ser isoladas do solo e identificadas. Na outra parte, foram estudadas as condições óptimas para o meio de cultura, ou seja, a temperatura, o tempo de incubação, as fontes de azoto e de carbono, a seleção do substrato e a concentração de sal foram utilizadas para a produção máxima de lipases a partir de bactérias lipolíticas através da fermentação em frasco agitado.

Quadro 2: Seleção a partir de diferentes fontes de solo

Amostra de solo	**Atividade da lipase (U/ml)**	**Atividade da lipase (U/mg/ml)**
Área de despejo	1.50	37.50
Esgotos	1.75	43.75
Bomba de gasolina	1.66	41.50
Lado da estrada	1.75	43.75

Efeito da temperatura:

A temperatura é uma das condições físicas importantes que afectam a taxa de crescimento bacteriano e também a produção de enzimas. Foi investigado o efeito da temperatura na produção de lipase bacteriana. Foi calculada a produção de lipase em diferentes temperaturas, como 25, 30, 37, 40 e 45°C. A 25°C, a atividade da lipase foi observada a 1,0 U/ml, enquanto que, à medida que a temperatura aumentava até 37°C, a atividade aumentava, mas depois de 37°C começou a diminuir. A 45°C, a atividade da lipase foi de 0,7 U/ml. A atividade da lipase situou-se no intervalo de 0,7-1,9 U/ml.

Quadro 3: Efeito da temperatura

Temperatura (°C)	**Atividade da lipase (U/ml)**	**Lipaseactividade (U/mg/ml)**
25	1.0	25
30	1.4	35
37	1.9	47.5
40	0.9	22.5
45	0.7	17.5

Fig. 2 : Efeito da temperatura

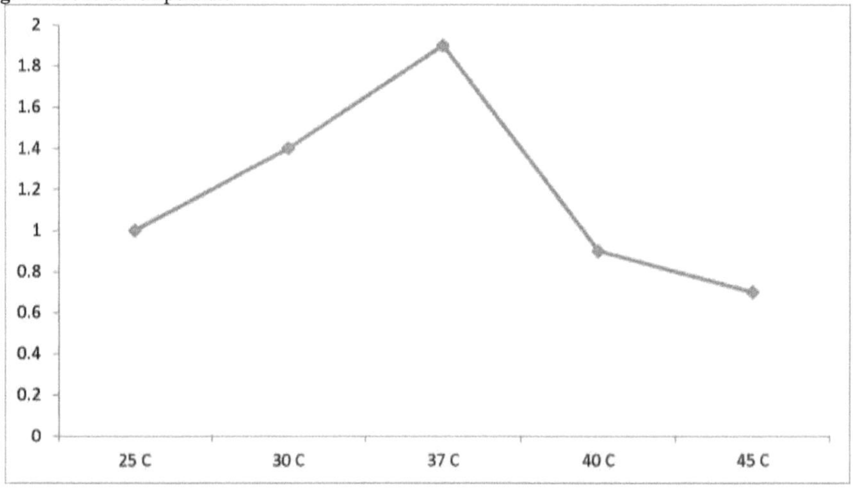

Efeito do pH:

A produção de lipase é muito sensível ao pH do meio de fermentação, pelo que é necessário otimizar o pH para obter a produção máxima de lipase. O efeito do pH na produção de enzimas extracelulares foi investigado, a gama de pH do meio de cultura era de 5-9, e concluiu-se que a pH 5 a atividade da lipase era de 0,2 U/ml, mas à medida que o pH aumentava até 8 a atividade aumentava, ou seja, até 1,9.

Tabela 4: Efeito do pH

pH do meio	Atividade da lipase (U/ml)	Atividade da lipase (U/mg/ml)
5	0.2	5
6	0.6	15
7	1.0	25
8	1.9	47.5
9	0.6	15

Fig 3: Efeito do pH

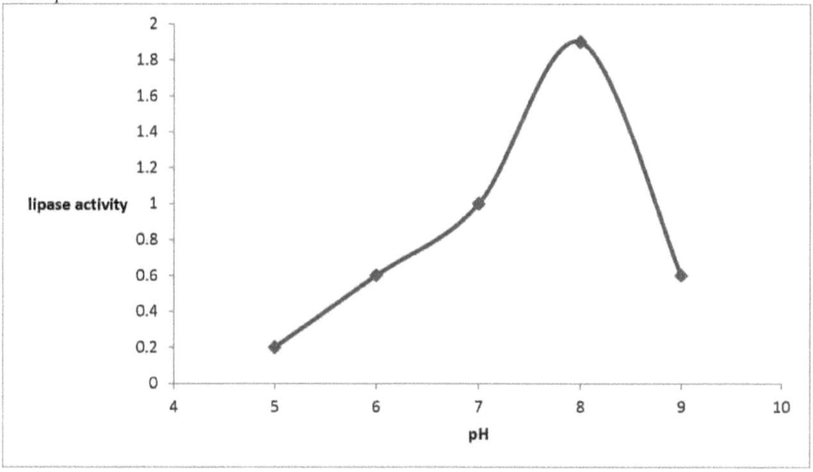

Efeito da fonte de carbono:

A produção de lipase foi determinada utilizando diferentes resíduos de sementes, como bagaço de mostarda, casca de trigo, bagaço de óleo de coco e também caldo de nutrientes como fontes de carbono. A produção máxima de lipase ocorreu quando se utilizou bagaço de óleo de mostarda, que foi de 1,8 U/ml, enquanto o caldo de nutrientes deu 1,3 U/ml.

Quadro 5: Efeito das fontes de carbono

Fonte de carbono	Atividade da lipase (U/ml)	Atividade da lipase (U/mg/ml)
Caldo de nutrientes	1.3	32.5
Bolo de óleo de coco	1.6	40
Bolo de óleo de mostarda	1.8	45
Celeiro de trigo	1.4	35

Fig 4: Efeito da fonte de carbono

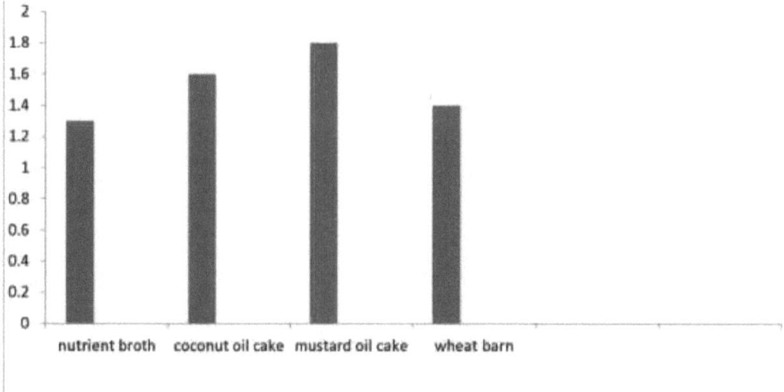

Efeito da fonte de azoto:

O azoto desempenha um papel importante na produção de enzimas. Foram utilizadas muitas fontes de azoto para determinar a produção de lipase, ou seja, extrato de carne de vaca, extrato de malte, peptona, cloreto de amónio, extrato de levedura e sulfato de amónio. Entre estas fontes, o extrato de levedura deu a produção máxima de lipase, enquanto o sulfato de amónio diminuiu a produção de lipase.

Quadro 6: Efeito da fonte de azoto

Fonte de azoto	Atividade da lipase (U/ml)	Atividade da lipase (U/mg/ml)
Extrato de malte	1.5	37.5
Extrato de levedura	1.9	47.5
Peptona	1.5	37.5
Cloreto de amónio	1.7	42.5
Sulfato de amónio	0.2	5
Extrato de carne	1.0	25

Fig. 5: Efeito da fonte de azoto

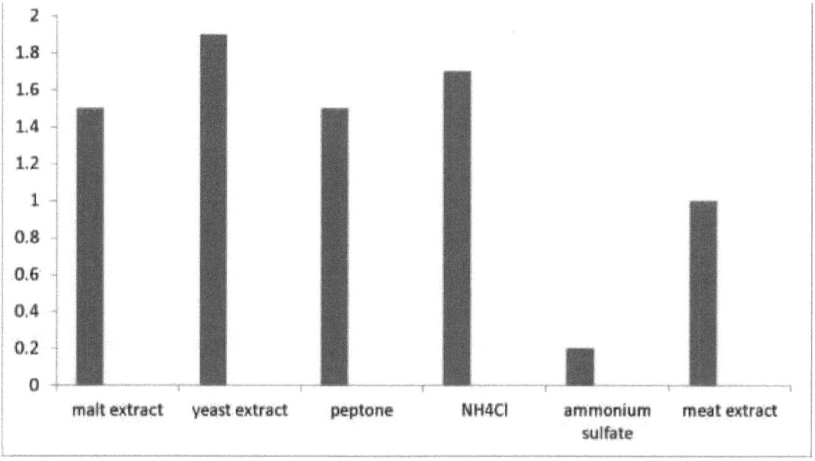

Efeitos das concentrações de sal:

A concentração de sal também foi investigada para a produção de lipase. Foram utilizadas diferentes concentrações de sal, variando de 0,1% a 1,5%. Concluiu-se que, à medida que a concentração de sal aumentava a partir de 0,5%, a produção de lipase diminuía. Por conseguinte, a concentração óptima de sal foi considerada 0,5% para a produção máxima de lipase.

Quadro 7: Efeitos das concentrações de sal

Concentrações de sal (%)	Atividade da lipase (U/ml)	Atividade da lipase (U/mg/ml)
0.1	1.3	32.50
0.5	1.8	46.25
1.0	1.0	25
1.5	0.6	15

Fig 6 : Efeito da concentração de sal

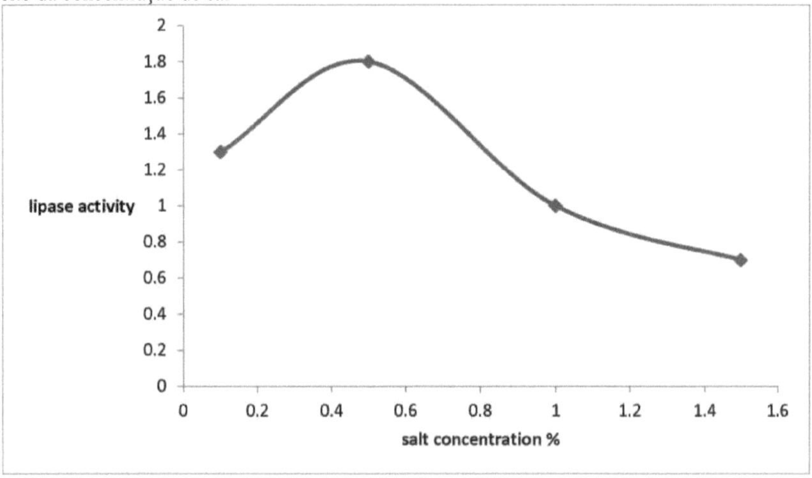

Efeito do substrato:

Foram utilizados diferentes óleos vegetais como substratos para a atividade da lipase. Foram utilizados óleos como o azeite, o óleo de mostarda e o óleo de coco. Descobriu-se que o azeite deu a atividade máxima de lipase, que foi de 1,9 U/ml, enquanto o óleo de mostarda deu 1,5 U/ml.

Quadro 8: Efeito do substrato

Substrato	Atividade da lipase (U/ml)	Atividade da lipase (U/mg/ml)
Óleo de coco	1.6	40
Óleo de mostarda	1.5	37.5
Azeite	1.9	47.5

Fig. 7: Efeito do substrato

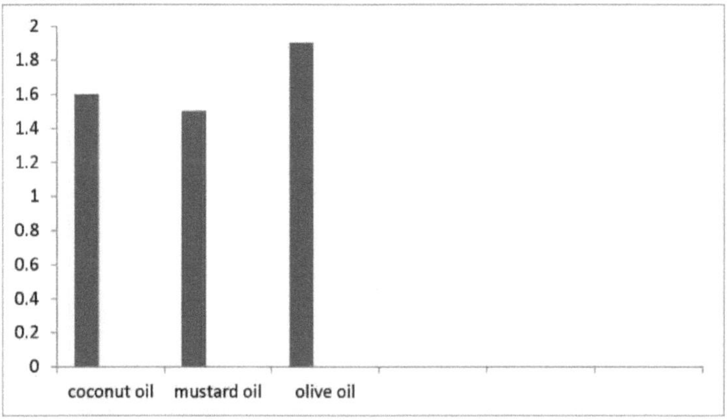

Efeito do tempo de incubação:

O tempo de incubação do meio de fermentação também afectou a produção de lipase. A produtividade da lipase foi investigada em 24, 40, 48 e 72 horas. Concluiu-se que a atividade da lipase aumentava à medida que o tempo de incubação aumentava, mas às 48 horas a atividade da lipase era máxima, ou seja, 1,8 U/ml. Às 72 horas havia atividade de lipase, mas esta diminuiu em comparação com as 48 horas.

Tabela 9: Efeito do tempo de incubação

Tempo de incubação (horas)	Atividade lipásica (U/ml)	Atividade da lipase (U/mg/ml)
24	1.1	27.5
40	1.3	32.5
48	1.8	45
60	1.2	30
72	1.0	25

Fig 8: Efeito do tempo de incubação

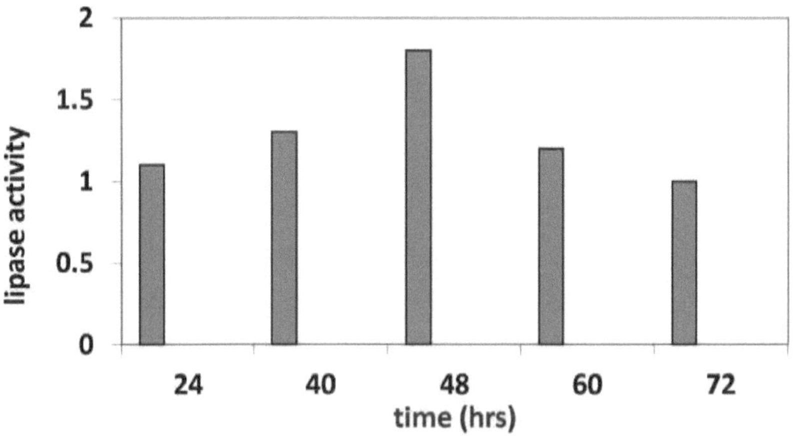

DISCUSSÃO

A produção máxima de lipase ocorre nas fases exponencial tardia e estacionária inicial do crescimento bacteriano. Foram tomados diferentes intervalos de tempo para a produção de lipase. Entre eles, a produção máxima de lipase foi alcançada às 48 horas de incubação. A produção de lipase estava a aumentar após 24 horas de incubação, ou seja, na fase logarítmica inicial da curva de crescimento bacteriano. Após 48 horas, apenas a turvação do sobrenadante aumentou, o que se deveu à libertação do subproduto devido à morte das células bacterianas. Pogaku *et al.,* (2010) referiram 48 horas de incubação como o tempo ótimo de incubação para a produção máxima de lipase.

A produção de lipase também foi observada em diferentes temperaturas e pH do meio de fermentação. Temperaturas como 25, 30, 37, 40 e 45°C. A temperatura óptima para o crescimento bacteriano é de 37°C, pelo que, à medida que a temperatura subia para 37°C, mais células bacterianas eram produzidas e, por conseguinte, mais lipase era produzida. A produção de lipase foi máxima a 37°C, razão pela qual foi considerada como a temperatura óptima para a produção de enzimas (Shah *et al.*, 2010). Foi observada uma gama de pH diferente, ou seja, 5-9, para a produção máxima de lipase. Concluiu-se que a lipase máxima foi produzida no frasco que foi colocado a pH 8. A produção de lipase flutua ao aumentar e diminuir o pH a partir do seu pH ótimo de 8. Singh *et al.*, (2010) e *Jagtapet al.,* (2010) concluíram os mesmos resultados.

A produção de lipase foi optimizada utilizando diferentes fontes de carbono. As fontes de carbono, ou seja, celeiro de trigo, caldo de nutrientes e diferentes

Foram considerados bolos de óleo como o de mostarda e o de coco. Descobriu-se que a produção máxima de lipase era dada pelo bolo de óleo de mostarda. Tal deveu-se ao facto de as bactérias penetrarem facilmente no bagaço e o utilizarem para a produção de lipase. Por conseguinte, quanto mais o bagaço de óleo for utilizado pelas bactérias, maior será a síntese de lipase observada.

Foram utilizados diferentes óleos naturais como substrato para configurar a atividade da lipase. O azeite e o óleo de coco contêm um maior número de carbonos e, por conseguinte, apresentam uma melhor atividade da lipase do que o óleo de mostarda. O azeite foi considerado o substrato ideal devido à sua forma já homogeneizada e, por conseguinte, é rapidamente convertido em ácidos gordos e glicerol pela enzima lipase (Pimentel *et al.*, 2004).

Diferentes fontes de azoto mostraram efeitos variados na produção de lipase. As fontes de azoto orgânico deram uma maior produção de lipase em comparação com as fontes de azoto inorgânico. A produção máxima de lipase foi observada quando o extrato de levedura foi utilizado como fonte de azoto, enquanto o NH4 (SO4)2 apresentou a menor produção de lipase. Shah *et al.*(2010) registaram os mesmos resultados utilizando espécies de *Bacillus*.

A enzima foi parcialmente caracterizada com referência à temperatura e ao pH. Concluiu-se que a enzima era termoestável. A atividade da lipase foi observada até 60°C de incubação da enzima, mas a atividade máxima da lipase foi observada a 55°C. A atividade da lipase também foi observada em diferentes intervalos de pH da enzima, ou seja, pH 7, 7,5, 8, 8,5 e 9. A atividade máxima da lipase foi observada a pH 8,5, o que demonstra a sua natureza alcalina. Para obter o máximo de unidades de proteína enzimática, concluiu-se também a estimativa da proteína utilizando o método comum de Bradford.

Foram também observados dois meios diferentes para a produção de lipase, ou seja, meio de fermentação mínimo e meio de fermentação enriquecido. Observou-se que o meio de fermentação enriquecido deu a produção máxima de lipase (20 U/ml) em comparação com a do meio de fermentação mínimo (2,91 U/ml). Os meios de fermentação enriquecidos suportam um crescimento bacteriano máximo do que os meios de fermentação mínimos. Por conseguinte, quanto maior for o crescimento bacteriano, maior será a produção de enzimas. Após a caraterização da lipase, observou-se uma atividade específica de **66,66 U/mg/ml.**

CONCLUSÃO

As alterações fisiológicas têm uma influência significativa na produção de lipase e também na sua atividade. Ao aplicar condições óptimas ao meio e ao organismo, a produção de lipase e a atividade da lipase podem ser atingidas ao máximo. Neste estudo, observou-se que o bagaço de mostarda é utilizado como fonte de carbono, o azeite como substrato, o extrato de levedura como fonte de azoto, com pH 8 e a temperatura de 37°C são considerados como as condições óptimas para a produção máxima de lipase. A atividade final da lipase utilizando todas as condições óptimas foi aumentada de 1,9 para **2,91 U/ml.** A estimativa da proteína e a caraterização da enzima deram o máximo de unidades de lipase (66,66 U/mg/ml).

REFERÊNCIAS

Adamitsch, B.F., e W.A. Hampel. 2000. Formação de enzimas lipolíticas por *Brevibacterium linens. Biotechnol. Lett.,* 22: 1643-1646.

Ahmed, H. e M.U. Dahot. 1998. Produção de lipase por *Aspergillus niger* cultivada em resíduos de cana-de-açúcar pré-tratados. *Fermn. Biotechnol. Sci.*, 10(2): 139-141.

Aires, B., M.A. Taipa e J.M.S.Cabral. 1994. Isolamento e purificação de lipases. In: Woolley, P., Petersen, S.B. (Eds.), Lipases: Their Structure, Biochemistry and Application. *Cambridg.*, 243-270.

Akano, D.A e O.O. Atanda. 1990. O nível atual de aflatoxina no bolo de noz moído nigeriano ("Kulikuli"). *Lett. Appl. Microbiol.*, 10:187189.

Alford, J.A. e D.A. Pierce. 1963. Produção de lipase por *Pseudomonas fragi. J. Bacteriol*, 86: 401-418.

Alford, J.A. e J.L. Smith. 1965. Produção de lipases microbianas para o estudo da estrutura dos triglicéridos. *J. Am. Oil. Chem. Soc.*, 42: 10381040.

Allen, K.E., M.T. McNally, H.S. Lowendorf, C.W. Slayman e S.F. Free. 1989. Mutantes resistentes à desoxiglicose de *Neurosporacrassa*: Isolamento, mapeamento e caraterização bioquímica. *J. Bacteriol*, 171:53-56

Alonso, F.O.M., E.B.L. Oliveira, G.M.D. Ortiz e F.V.P. Meirelles. 2005. Melhoria da produção de lipase em diferentes velocidades de agitação e níveis de oxigénio. *Braz.J. Chem. Eng.,* 22(01): 9 - 18.

Al-Qodah, Z., H. Daghstani, P. Geopel e W. Lafi. 2007. Determinação dos parâmetros cinéticos do termófilo produtor de amilase *Bacillus sphaericus. Afri. J. of Biotechnol*, 6(6):699-706.

Beisson, F., A. Tiss, C. Riviere e R. Verger. 2000. Métodos de deteção e ensaio de lipases: A critical review. *Eur. J. Lipid Sci. Technol.*, 133-153.

Breuil, C. e D.J. Kushner. 1975. Formação de lipase e esterase por *Acinobacter spp.*

psicrófilas e mesófilas. *Can. J. Microbiol.*, 21(4): 423-433.

Brush, T.S., R. Chapmany, R. Kurzman e D.P. Williams. 1999. Purificação e caraterização de lipases extracelulares de *Ophiostomapiliferum. Bioorg. Medi.Chem.*, 7: 2131-2138.

Burkert, J. F. M., F. Maugeri e M.I. Rodrigues. 2004. Otimização da produção de lipase extracelular por *Geotrichum sp.* utilizando um desenho fatorial. *Bioresour. Technol.*, 91(1): 77-84.

Cavalcanti, E.D.S., M.L.E.Gutarra, D.M.G. Freire, L.D.R. Castilho e G.L.S. Júnior. 2005.Produção de lipase por fermentação em estado sólido em biorreatores de leito fixo. *Braz. Arq. de Biol. e Tecnologia*, 48:79-84.

Chahinian, H., G. Vanot, A. Ibrik, N. Rugani, L. Sarda e L.C. Comeau. 2000. Produção de lipases extracelulares por *Penicilliumcyclopium* purificação e caraterização de lipase parcial de acilglicerol. *Biosci. Biotechnol. Biochem* .,64:215-22.

Chandler, H. e H. Klostermeyer. 1983. Produção de lipase por Geotrichumcandidum em várias condições de crescimento. *Milchwissenschaft*, 38(7): 410-417.

Cordenons, A., R. Gonzaleg, R. Kok, K.J. Hellingwerf e C. Nudel. 1996. Efeito das fontes de azoto na regulação da produção de lipase extracelular na estirpe *Acinobactercalcoaceticus. Biotechnol. Lett.*, 18(6): 633-638.

Corzo, G. e S. Revah.1999. Produção e caraterísticas da lipase de *Yarrowia lipolytica* 681. *Bioresour. Technol.*, 70(2):173-180.

Costas, M., F.J. Deive e M.A. Longo. 2004. Atividade lipolítica em culturas submersas de *Issatchenkiaorientalis. Process Biochem*, 39:2109-2114.

Fattah, A., G.M e I. Hammad. 2002. Produção de lipase por certos fungos do solo. I: Otimização das condições culturais e caraterização genética de estirpes lipolíticas de *Aspergilla* utilizando padrões proteicos e ADN polimórfico amplificado aleatório (RAPD).*Online J. Biol. Sci.*, 2(10): 639-644.

Fickers, P., F. Fudalej, M.T.L. Dall, S.Casaregola, C. Gaillardin, P. Thonart e J.M.Nicaud. 2005. Identificação e caraterização dos genes LIP7 e LIP8 que codificam duas lipases extracelulares de triacilglicerol na levedura *Yarrowia lipolytica. Fung. Gene.and Biol.*, 42: 264 274.

Fickers, P., J.M. Nicaud, C. Gaillardin, J. Destain e P. Thonart. 2004. As fontes de carbono e azoto modulam a produção de lipase na levedura *Yarrowia Iipolytica. J. Appl. Microbiol, 96:* 742-749.

Godfrey, T., S.West., 1996. Introdução à enzimologia industrial. (2nd Ed) Nova Iorque: Stockton Press, 1-8.

Gotschlich, A., B. Huber, O. Geisenberger, A. Togl, A. Stedle, K. Reedel, P. Hill, B.Tummler, P. Vandamme, B. Middleton, M. Camara, P. Williams, A. Hardman e L. Ebenl. 2001. Complexo de Burkholderiacepia selecionado para a produção de lipase extracelular. *Syst. App. Microbiol.*, 24(1): 1-14.

Gutarra, M.L.E., L.R. Castilho, D.M.G. Freire, G.L.J. Santanna. 2005. Produção de lipase por fermentação em estado sólido: condições de cultivo e operação de biorreatores de bandeja e de leito fixo. *Biotecnologia Aplicada. Biotechnol.*, 121:105-116.

Gutarra, M.L.E., M.G. Godoy, L.R. Castilho e D.M.G. Freire. 2007. Estratégias de inóculo para produção de lipase por *Penicilliumsimplicissimum* por fermentação em estado sólido utilizando um resíduo da indústria do óleo de babaçu. *J. Chem. Technol. Biotechnol.*, 82:313-318.

Herrgard, S., C.J. Gibas e S. Subramaniam. 2000. Papel da rede eletrostática de resíduos na ação enzimática da família das lipases *de Rhizomucormehei. Biochemis*, 39: 2921-2930.

Huang, Y. e Y. Yan. 2008. Produção de biodiesel catalisada por lipase com acetato de metilo como aceitador de acilo. *Z. Naturforsch.*, 63(3-4):297-302.

Jaeger, K.E., e M. T. Reetz. 1998. As lipases microbianas constituem ferramentas versáteis para a biotecnologia. Tendências em Biotecnologia16 (9): 396-403.

Jaeger, K.E. e T. Eggert. 2002. Lipases for biotechnology.*Curr. Opin. Biotechnol.*,13:390-

397.

Karadzic, I., A. Masui, L. I. Zivkovic e N. Fujiwara. 2006. Purificação e caraterização da lipase alcalina de *Pseudomonas aeruginosa* isolada de óleo de corte mineral pútrido como componente do fluido de trabalho de metais. *J. Biosci. Bioeng.*, 102(2):82-89.

Karanam, S.K. e N.R. Medicherla. 2008. Aumento da produção de lipase por *Aspergillus japonicus* induzido por mutação. *Afri. J. of Biotechnol*, 7(12):2064- 2067.

Kasana, R.C., B. Kaur e S.K. Yadav. 2008. Isolamento e identificação de um *psicrotróficoAcinetobacter sp.* CR9 e caraterização da sua lipase alcalina.*J. Basic.Microbiol.*, 48(3):207-12.

Kashmiri, M.A., A. Adnan e B.W. Butt. 2006. Produção, purificação e caraterização parcial da lipase de *Trichoderma Viride.Afri. J. of Biotechnol*, 5(10):878-882.

Kempka, A.P., N. L. Lipke, T. L. F. Pinheiro, S. Menoncin, H. Treichel, D. M. G. Freire,M. D. Luccio, D. Oliveira. 2008. Método de superfície de resposta para otimizar a produção e caraterização de lipase a partir de fermentação em estado sólido *de* Penicilliumverrucosumin. *Biop. Biosys. Eng.,* 31:119-125.

Lutz, S. 2004. Engenharia da lipase B de *Candida antarctica. TetrahedAsym* .,15(18):2743-2748.

Pastore, G.M., V.S.R. Costa, M.G.B. Koblitz. 2003.Produção, purificação parcial e caraterização bioquímica da nova lipase de *Rhizopus sp.*strain.*CiencTecnol. Alimentos*, 23:135-140.

Pimentel, M.C., N. Krieger, L.C. Coelho, J.O. Fontana, E.H. Melo, W.M. Ledinghame F.J.L. Lima. 1994. Lipase de uma cepa brasileira *dePenicilliumcitrinum. Appl.Biochem. Biotechnol.*, 49:59-74.

Rodriguez, J.A., J.C. Mateos, J. Nungaray, V. Gonzalez, T. Bhagnagar, S. Roussos, J. Cordova e J. Baratti. 2006. Melhoria da produção de lipase através da modificação da fonte de nutrientes utilizando *Rhizopushomothallicus* cultivado em fermentação em estado sólido. *Process Biochem*, 41: 2264-2269.

Salah, A.B., A. Sayaria, R. Verger, Y. Gargouri. 2001. Estudos cinéticos de Rhizopusoryzaelipaseusando a técnica de filme monomolecular. *Biochimie*, 83: 463-469.

Salah, R.B., H. Mosbah, A. Fendri, A. Gargouri, Y. Gargouri e H. Mejdoub. 2006. Caracterização bioquímica e molecular de uma lipase produzida por *Rhizopusoryzae*. *FEMS Microbiol. Lett.*, 260: 241-248.

Saxena, R.K., P.K. Ghosh, R. Gupta, W.S. Davidson, S. Bradoo e R. Gulati. 1999. Microbial lipases: Potential biocatalysts for the future industry. *Curr. Sci.*, 77(1):101-115.

Sharma, R., Y. Chisti e U. Banerjee. 2001. Production, purification, characterization and applications of lipases, *Biotechnol Adv.*, 19: 627662.

Sheng, C.L., J.Y. Wu, C.Y. Chen e T. Liang, 2000. Produção semicontínua de lipase por *Acinobacterradioresistens* na presença de tecido não tecido. *Appl. Biochem.Biotechnol.*, 87(2): 73-80.

Singh, S., G.Kaur, A.K. Chakraborti, R.K. Jain e U. C. Banerjee. 2006. Estudo das condições experimentais para a produção de lipase por uma estirpe recentemente isolada de *Pseudomonas aeruginosa* para a hidrólise enantioselectiva de (±)-metil trans-3(4-metoxifenil) glicidato. *Bioprocess Biosyst. Eng.*, 28: 341-348

Sukhacheva, M.V., M.E. Davydova e A.I.Netrusov. 2004. Produção de *Pencilliumfuniculosum* 433 glucose oxidase e suas propriedades. *Appl. Biochem. Micobiologiya*, 40(1):32-36.

Vanot, G., D. Valerie, M.C. Guilhem, T.L.R. Phan e L.C. Comeau. 2002. Maximização da produção de lipase parcial de acilglicerol de *Penicilliumcyclopium*. *Appl. Microbiol. Biotechnol*, 60(4):417-9.

Vattem, D.A., Y.T. Lin, R.G. Labbe e K. Shetty. 2004. Atividade antimicrobiana contra determinados agentes patogénicos de origem alimentar através de antioxidantes fenólicos enriquecidos em *bagaço de arando* por bioprocessamento em estado sólido utilizando o *fungo* de qualidade alimentar Rhizopusoligosporus. *Process Biochem.*, 39: 19391946.

Wilke, D. 1999. Chemicals from biotechnology: molecular plant genetics will challengethe chemical and fermentation industry. *ApplMicrobiolBiotechnol,* 52:135-45.

Woods, R., M. Burger, C. Beven e J. Beacham. 2001. Produção de lipase extracelular por estirpes psicrotróficas *dePseudomonas flourescens(B52), J.Microb*., 147(2): 345-354.

Xu, X. 2000. Produção de triacilgliceróis com estrutura específica por reacções catalisadas por lipases: Uma revisão. *Eur. J. Lipid Sci. Technol*., pp: 287303.

Yasuda, M., H. Ogino, T. Kiguchi, T. Kotani, S. Takakura, T. Ishibashi, T. Nakashima, H. Fukuda e H. Ishikawa. 2000. Purificação e caraterização de lipase de células *de Rhizopuschinensis. J. Ferment. Bioeng*. 88:571-573.

Yu, J., S.M. Mohawed, D.Bhatnagar e T.E.Cleveland. 2003. Expressão do gene da lipase induzida pelo substrato e produção de aflatoxina em *Aspergillus parasiticus* e *Aspergillus flavus. J. Appl. Microb*., 95: 1334-1342

Zarevucka, M., Z. Kejík, D. Saman, Z. Wimmer e K. Demnerova.2005. Propriedades enantioselectivas de lipases induzidas de *Geotrichum. Enzyme Microb. Technol*., 37:481-486.

Zhiqiang, A. 2005. Handbook of Industrial mycology (Manual de micologia industrial). Marcel Dekker, 22: 539-561.

Zia, M.A. 2006. Mutagénese de Aspergillus niger para hiperprodução de glucose oxidase para preparar um kit de diagnóstico da glucose. *Tese de doutoramento. Univ. de Agricultura*, Faisalabad, Paquistão, 48-50.

MIX
Papier aus verantwortungsvollen Quellen
Paper from responsible sources
FSC® C105338

Printed by Books on Demand GmbH, Norderstedt / Germany